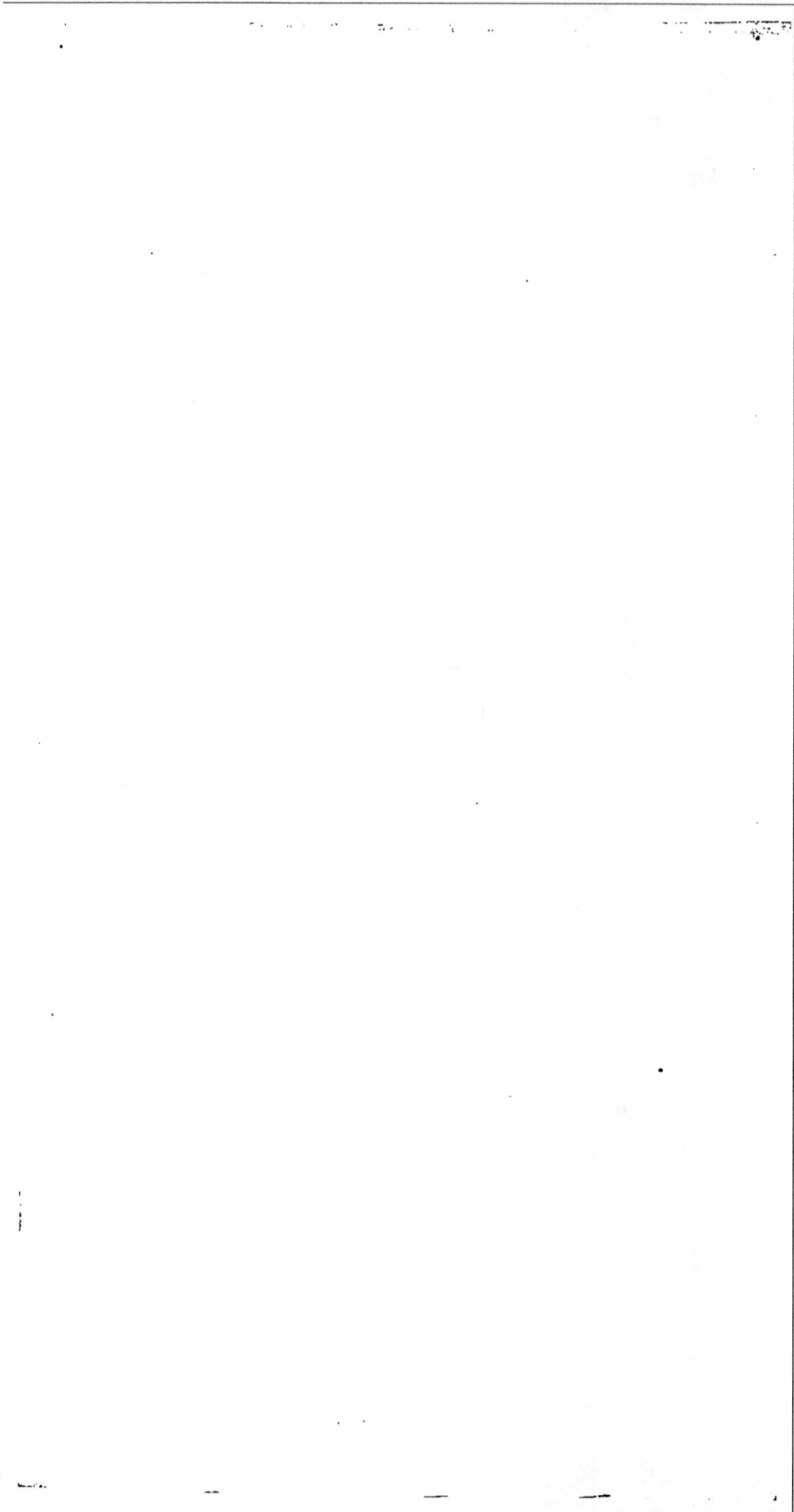

UNION PATRIOTIQUE
DU RHONE

LEÇONS

DE

PHYSIOLOGIE MUSCULAIRE

APPLIQUÉES A LA

GYMNASTIQUE

Faites sous la direction de l'*Union Patriotique du Rhône*, aux MONITEURS et aux ELÈVES MONITEURS des Sociétés de Gymnastique de Lyon, ainsi qu'aux élèves de l'Ecole Normale des Instituteurs.

PAR LE

Dᴿ CHAMBARD-HÉNON

OFFICIER D'ACADÉMIE

1894

À M. PARMENTIER

Officier de la Légion d'Honneur

Directeur des Contributions Directes de Lyon

Président de l'Union

des Sociétés de Gymnastique de France

Monsieur Parmentier,

En 1891, l'UNION PATRIOTIQUE DU RHÔNE, instituait un Enseignement Méthodique de la Gymnastique pour les Moniteurs et les Elèves Moniteurs des différentes Sociétés gymniques de la ville de Lyon. Je fus chargé par mes collègues du Comité, du cours d'anatomie et de physiologie ; ces leçons commencées avec un matériel des plus modestes, un local défectueux, ont été poursuivies pendant trois années.

Grâce à la bienveillance de M. CHARLES, Recteur de l'Académie de Lyon, j'ai pu m'installer dans une belle salle de l'Ecole normale des Instituteurs.

Le mannequin d'AUZOUD, un squelette bien monté, les planches coloriées et les dessins de cette Ecole furent mis à ma disposition. Bientôt M. ROUX, le Directeur de l'Ecole, vint me demander de permettre à ses élèves de suivre mes leçons. J'acceptai avec plaisir et reconnaissance ce renfort de jeunes gens laborieux et instruits.

Je saisis avec empressement l'occasion qui m'est offerte, d'offrir publiquement les remerciements du Comité de l'Union Patriotique du Rhône et les miens à Monsieur le Recteur CHARLES, ainsi qu'à M. le Directeur de l'Ecole normale.

C'est dans ces conditions que pendant l'année scolaire de 1892-1893, a été continué mon enseignement.

Aujourd'hui profitant de la XXᵉ Fête fédérale de Gymnastique, j'ai résolu de publier les deux dernières leçons de ce cours. Elles ont pour objet quelques considérations de Physiologie musculaire appliquées aux différents exercices gymniques. Elles sont comme la conclusion de mes leçons.

Bien que je croie le sujet original et publié pour la première fois, je le publie surtout pour attirer l'attention des hommes qui s'occupent d'hygiène et de gymnastique, sur la nécessité de créer un enseignement méthodique et scientifique de la gymnastique.

Je me propose d'offrir ma modeste publication aux Présidents des Sociétés de Gymnastique qui viendront au concours de Lyon. Heureux si, par mon exemple, je puis donner aux hommes de science l'envie de m'imiter en faisant mieux, ce qui ne sera pas difficile.

En plaçant ce petit travail sous votre patronage, mon cher M. PARMENTIER, j'ai pensé que vous lui porteriez bonheur et bonne réussite.

Recevez-le donc, comme un témoignage sincère de ma profonde estime pour votre personne et de mon attachement à l'œuvre que nous poursuivons en commun.

Dʳ CHAMBARD-HÉNON

Lyon, le 18 Avril 1894.

PREMIÈRE LEÇON

Messieurs

Un homme est là étendu devant vous, plongé dans un profond sommeil, soit le sommeil naturel, soit le sommeil provoqué par des agents anesthésiques, chloroforme ou éther. Vous soulevez son bras ; ce bras retombe inerte dès que vous l'abandonnez. Cet homme est dans l'état de repos musculaire complet. Seuls les muscles respiratoires exécutent régulièrement leurs fonctions, faisant remplir les poumons d'air, inspiration, ou chassant cet air de la poitrine, expiration. D'autres muscles continuent également leurs fonctions, car sans leur action, ce n'est pas l'état de sommeil que nous constaterions, mais la mort.

Les muscles de la vie organique fonctionnent donc pendant le sommeil : — tel le cœur, ce beau muscle creux qui bat et se contracte dès l'origine intra-utérine de l'être et qui ne cesse qu'à la mort ; — tels les muscles des vaisseaux capillaires, tels les muscles de l'estomac et de l'intestin. — Voilà suffisamment d'exemples pour vous démontrer que le repos complet n'existe que dans la tombe.

Station verticale. — Cet homme qui dormait s'éveille, se dresse, le voilà debout devant nous, quelles sont les forces qui le maintiennent ainsi ?

Dans la station verticale, — les deux pieds réunis, l'homme est en état d'équilibre parfait et pour se maintenir ainsi il n'a presqu'aucun effort à faire, il suffit pour cela de ce qu'on appelle la tonicité musculaire, cet état de tonicité musculaire n'est pas la contraction, mais c'est le muscle mis en éveil et prêt à se contracter. — Si la position verticale immobile se prolonge, elle devient fatigante, le poids des organes situés en avant de la colonne vertébrale, face, poumons, cœur, viscères abdominaux, a de la tendance à entraîner le corps en avant. C'est alors que les muscles de la nuque, des gouttières vertébrales et les muscles fessiers entrent en contraction pour contrebalancer le poids des organes situés comme je l'ai dit en avant de la colonne.

Mais pourquoi le corps de l'homme se tient-il ainsi presque sans effort dans la station verticale ? c'est qu'il est en équilibre. Pour qu'un corps soit en équilibre, la mécanique nous enseigne qu'il faut que son centre de gravité tombe dans le

plan formé par son point d'appui : ce plan est ici représenté
par la surface du sol occupée par les deux pieds du sujet. Or
Weber a démontré que le centre de gravité du corps de
l'homme debout, les pieds joints, les bras pendants, se
trouve sur un plan, passant exactement entre les deux yeux,
la cloison nazale, l'ombilic et la symphyse du pubis. Il place
ce point exactement à la partie antérieure et médiane de la
cinquième vertèbre lombaire, au moment ou elle se joint
au sacrum, — autrement dit, au sommet de l'angle sacro-
vertébral antérieur, ou promontoire. — Si de ce point, on
abaisse une perpendiculaire sur le sol, elle tombera dans
le plan occupé par les deux pieds.

J'ajoute que, plus le plan occupé par les pieds aura
une surface étendue, plus la verticale abaissée du centre
de gravité tombera facilement dans ce plan ; plus alors la
station verticale sera facile. — Sans faire aucune allusion,
aux dimensions exagérées des extrémités de certains
de nos semblables, qui, dit-on, ont de si grands pieds
qu'ils peuvent dormir debout, vous comprendrez très
bien qu'un léger écartement des pieds rend la station
verticale plus stable et moins pénible.

Du reste, recouchons notre sujet, il sera dans l'état
maximum de stabilité. Son centre de gravité sera à son
minimum d'élévation et sa base à son maximum de déve-
loppement.

Reprenons notre homme debout : J'ai dit que les
muscles de la nuque luttaient avec les muscles des gouttières et les fessiers pour maintenir l'attitude verticale. Je
dois encore vous faire remarquer que le triceps crural qui
s'insère à la rotule maintient la jambe dans l'extension et
que la contraction des muscles du mollet, jumeaux et soléaire,
maintiennent l'articulation tibio-tarsienne et l'empêche de
fléchir.

Station hanchée. On se fatigue vite dans la station
verticale : — et le patient prend alors l'attitude hanchée ;
là, le corps repose sur un seul des membres inférieurs, le
tronc est cambré de façon que la verticale mesurée par le
centre de gravité vienne tomber dans la trace du pied
soutenant le corps ; la cuisse est à son maximum d'extension
sur le bassin, la jambe à son maximum d'extension sur la
cuisse ; — Dans ces conditions le corps ne peut guère tourner
qu'autour de l'articulation tibio-tarsienne ; pour l'en empêcher, le membre inférieur qui est au repos, se porte un
peu en avant et s'écarte légèrement du membre soutien ;

dans cette position oblique, il empêche les oscillations en avant et en dehors. Quand le sujet qui se fatigue peu dans cette position se trouve las, il prend la position hanchée sur l'autre membre.

LEVIERS

Je viens de décrire le repos, la station, nous allons aborder les mouvements. — Permettez-moi de vous rappeler à cette occasion ce que j'ai dit dans une précédente leçon à propos des leviers. — D'une façon générale, le mouvement chez l'homme est le résultat de la contraction d'un muscle ou de plusieurs muscles ; un muscle à l'état de contraction se raccourcit et se raccourcissant il change la position d'un os mobile par rapport à un os fixe.

Il reste à préciser les différentes phases de cet acte. Au point de vue mécanique, les os peuvent être considérés comme des leviers. Dans l'économie on trouve des exemples des trois genres de leviers, la puissance étant représentée par l'effort musculaire et la résistance par le poids des parties à mouvoir.

Levier du premier genre. — Le point d'appui A se trouve placé entre la puissance P et la résistance R comme dans les balances.

Exemple, la tête dans la station verticale : — Elle est en équilibre sur la colonne vertébrale, le point d'appui est à l'union de la tête et de la colonne vertébrale : la résistance est représentée par le poids de la tête et spécialement de la face, qui la fait porter en avant ; la puissance est représentée par les muscles de la nuque. De même, le tronc sur les deux têtes des fémurs, les cuisses sur les jambes, et les jambes sur les pieds.

Levier du deuxième genre ou interrésistant. — Le point d'appui A est à une extrémité du levier, la puissance P est à l'autre, la résistance R est entre eux. — Le bras de levier de la puissance A P est toujours plus long que celui de la résistance A R. Exemple : la brouette, c'est le levier de la force : chez l'homme vous le retrouverez partout où la vitesse est sacrifiée à la force : exemple, dans la marche, ou tout le poids du corps se soulève par suite de l'élévation du pied sur sa pointe. Le sol est le point d'appui,

FIG. 1. —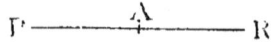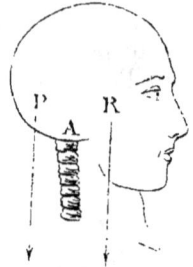

FIG. 2. —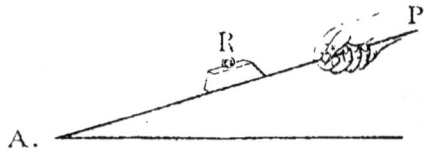

FIG. 3. —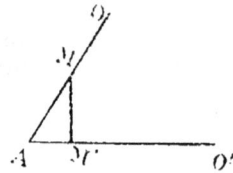

O A Humérus. — M M' Biceps. — A O' Avant-bras —
A point d'appui — O' Résistance — M' Puissance.

le poids du corps la résistance, et l'action des jumeaux et soléaires qui s'insèrent au calcanéum par le tendon d'Achille représente la puissance.

Levier du troisième genre ou interpuissant. — Le point d'appui A se trouve encore à l'extrémité du levier, et la résistance R à l'autre extrémité du levier, et la puissance P entre ces deux. Le bras de la puissance AM est toujours plus petit que le bras de la résistance AO, ce genre de levier est celui de la vitesse, c'est le plus commun dans l'économie. Ainsi dans la flexion de l'avant-bras sur le bras, le point d'appui est au coude, la puissance à la tubérosité bicépitale du radius, ou s'insère l'extrémité inférieure du biceps, la résistance est au niveau de l'avant-bras, qui supporte le poids de la main et ce qu'elle peut avoir à soulever. Dans presque tous nos mouvements volontaires nous retrouvons ce genre de levier. Et j'ajoute que la vitesse y est prépondérante et sacrifiée à la force.

EFFORT

Nous avons étudié la station verticale, hanchée, le repos musculaire, les leviers ; — Nous allons aborder les mouvements, — mais les mouvements ne se font pas sans efforts. Qu'est-ce donc que l'effort ?

Quand un homme veut faire un acte musculaire énergique, les muscles ont besoin de prendre sur le thorax un point d'appui fixe et solide, afin de repousser ou de maintenir l'obstacle, but de l'effort.

Pour cela, après avoir fait une inspiration profonde, la glotte du sujet, c'est-à-dire l'ouverture qui se trouve au sommet du larynx et qui est bordée par les deux cordes vocales, se ferme, les muscles expirateurs sont mis en jeu, il en résulte une augmentation de pression de l'air intrapulmonaire et une rigidité de toute la cage thoracique très propre à donner aux muscles de l'abdomen et des membres un solide point d'appui, L'effort terminé, la glotte s'ouvre et une expiration bruyante se produit.

Deux athlètes sont en présence, et luttent à qui fera toucher les deux épaules à son adversaire. L'un soulevé du sol est dans les bras de l'autre qui l'étreint ; observez-les, tous deux sont dans un état violent d'effort, et le vaincu sera celui des deux qui ouvrira le premier sa glotte, ses cordes vocales. — Ce seul instant suffit à son adversaire pour le précipiter sur le sol. Il n'a pas pu tenir son soufle, dit-on dans le peuple, il a cessé l'effort, disons-nous, il est vaincu.

De la marche. — Sous l'influence de l'action musculaire, l'homme peut se tenir debout, je viens de vous le démontrer ; mais l'action musculaire s'exerçant sur les divers leviers du corps arrive à le déplacer, c'est ce mouvement du corps que l'on appelle la locomotion. La locomotion comprend la marche, le saut, la course, et si vous voulez, la natation et l'action de grimper. Ce sont les points qui nous restent à examiner dans cette leçon.

Je commencerai par la marche, qui est l'allure habituelle de l'homme. Ce qui caractérise la marche, c'est que quelque soit sa vitesse, le marcheur a toujours un de ses deux pieds qui touche le sol.

On appelle *pas* la période pendant laquelle l'un des membres partant de la position de l'appui, y revient après avoir exécuté une oscillation autour de l'articulation coxo-fémorale. Le membre part de la verticale, le pied appuyé sur le sol, du talon à l'extrémité des orteils, l'articulation du genou étant dans l'extension ; puis, l'articulation coxo-fémorale étant portée en avant, sans que le pied ait quitté le sol, le membre devient de plus en plus oblique, l'articulation du genou fléchit, le pied se déroule sur le sol comme le secteur de la jante d'une roue de voiture en marche, le pied quitte le sol par sa pointe, et le membre oscille, à la manière d'une pendule, articulé en son milieu, autour de l'articulation coxo-fémorale. La verticale est dépassée dans cette oscillation, le membre s'étend de plus en plus, jusqu'au moment ou le pied prend contact avec le sol par le talon. Au moment ou le talon touche le sol, le mouvement de rotation qui s'exécutait dans la hanche cesse et c'est dans l'articulation tibio-tarsienne que s'exécute le mouvement de rotation ; l'articulation coxo-fémorale décrit un arc de cercle qui la porte en avant, jusqu'à ce que le membre soit arrivé dans la verticale.

Dans la marche le tronc, est soulevé et abaissé alternativement dans le sens vertical. Je vais vous en citer une démonstration originale. Il est certainement arrivé à plusieurs d'entre vous de passer nos ponts du Rhône en tramway, à l'intérieur, en hiver, alors qu'un violent vent du nord cinglait la figure des piétons. Les piétons expérimentés profitent du passage du véhicule pour s'abriter contre le flanc de la voiture qui est opposé au vent. Le voyageur de l'intérieur ne voit pas les pieds du marcheur, mais il voit sa tête et le haut du buste. Il est bien placé pour voir, il constate les mouvements alternatifs et réguliers d'abaissement et d'élévation. Pour peu qu'on y fasse attention on constate encore des oscillations horizontales chez le marcheur qui présente un peu obliquement la face antérieure du corps alternativement de gauche à droite et de droite à gauche.

Quand à la translation du tronc d'arrière en avant, c'est le but de la marche ; elle est évidente, je n'insiste pas.

Dans la marche, les membres supérieurs sont animés d'un mouvement oscillatoire inverse des membres inférieurs, ce qui provoque un léger mouvement de torsion dans le tronc, puisque quand, par exemple, la jambe gauche est en avant, l'épaule gauche et le bras gauche sont en arrière.

Reprenons la description du pas en étudiant l'action des muscles. — Le membre est dans la verticale, il est maintenu dans cette position par le groupe des muscles fessiers qui fait étendre la cuisse sur le tronc, par le triceps fémoral et le tendon rotulien qui maintiennent la jambe tendue sur la cuisse ; à ce moment, ai-je dit, l'articulation coxo-fémorale est portée en avant, oui ! par les muscles droits antérieurs de l'abdomen, le petit et le grand oblique, qui, aidés du poids des viscères situés en avant de la colonne, entraînent tout le tronc dans un léger mouvement d'inclination antérieur ; alors, ai-je ajouté, l'articulation du genou fléchit, le fémur étant de plus en plus oblique en avant et de haut en bas ; par conséquent le triceps fémoral cesse de se contracter, les fléchisseurs de la jambe sur la cuisse, c'est-à-dire, biceps crural, demi-tendineux, demi-membraneux, prenant leurs points d'appui en haut, se contractent faiblement ; à ce moment le talon quitte le sol et le pied se déroule soulevé par le triceps sural (c'est des muscles du mollet que je parle, les jumeaux et le soléaire) ; le pied a quitté terre, le membre oscille librement sans contraction, sans effort, d'abord autour de la hanche, puis quand le talon touche le sol autour du cou de pied, le pas est fait tout naturellement, sans peine. Dans le peuple quand on veut dire qu'une chose est facile, on dit qu'elle se fait tout naturellement, sans effort, comme on marche.

Course. — L'allure de la course chez l'homme a ce point caractéristique, qu'à un moment donné les deux pieds ne touchent plus le sol, et que, par conséquent, il y a un moment ou le corps est suspendu en l'air. Le jeu musculaire est le même que pour le pas, mais l'effort est bien plus violent et plus énergique, aussi y a-t il projection du corps en haut et en avant et abandon du sol.

L'homme est un des animaux qui a la course la plus rapide ; mais cette vitesse maxima ne peut être soutenue que pendant un temps très court. La succession rapide des efforts amène la gène de la respiration et bientôt le coureur à vitesse la plus grande s'arrête essouflé.

On a suffisamment, dans ces derniers temps, prouvé par les concours de marche et de course, ce que l'homme est capable de faire, et plus que personne vous savez tous ce qu'on pourrait dire sur ce sujet, aussi je n'insiste pas. Mais je profite de la circonstance pour blâmer l'excès auquel on s'est porté plusieurs fois, risquant, sans profit, pour la simple gloriole, de compromettre des vies humaines. Rien de plus noble que ces concours qui développent les aptitudes physiques de la jeunesse, mais il doivent être réglés avec sagesse et mesure. Il est bon, quand on a des programmes de pareils assauts à rédiger, de peser et de réfléchir. La conscience doit être en éveil pour faire sentir la responsabilité encourue.

Le Saut n'est pas un moyen habituel de locomotion pour l'homme, il laisse cette allure au kangouroo ; mais le gymnaste, le soldat, le chasseur, doivent savoir sauter lestement.

Les deux pieds étant joints, le corps à demi replié sur lui-même, la détente musculaire projette le corps en haut et en avant; le temps de suspension est là très évident et le temps d'appui s'effectue en même temps pour les deux pieds. Là, l'oscillation verticale du corps a une grande amplitude. et son maximum coïncide avec le milieu du temps de suspension.

Dans le saut et dans la course, pendant le temps de la suspension, le point d'appui est l'air, point d'appui bien faible, l'homme étant très lourd et n'étant pas gonflé comme un ballon; quand nous aborderons la natation vous verrez que là le point d'appui sans être aussi solide que le sol est cependant plus résistant que dans l'air. De plus, la différence entre la densité de l'eau et celle du corps humain est plus faible que celle qui existe entre l'air et le poids du sauteur. D'où comme conséquence moins d'efforts à faire dans l'eau, que dans le saut en plein air, ceci dit une fois pour toutes, en fait de point d'appui. Détaillons un peu les mouvements. Le corps de l'homme qui veut faire un saut se fléchit légèrement, alors le sterno-chlydo-mastoïdien, le droit antérieur de la tête, agissant synergiquement, fléchissent la tête sur la colonne vertébrale ; les muscles de l'abdomen, grand-droit, grand et petit oblique, le carré des lombes fléchissent, le tronc sur le bassin. Les psoas et iliaques, le pectiné, la partie supérieure du triceps fémoral fléchissent le bassin sur les cuisses, aidés par les trois adducteurs. — A la cuisse les demi-tendineux, demi-membraneux fléchissent la jambe sur la cuisse. — Tous les extenseurs sont à l'état de repos.

Soudain ils entrent en jeu simultanément, les muscles des mollets se contractent et soulèvent les pieds et tout le corps, les muscles fessiers redressent les cuisses et le bassin, les muscles de la colonne longdorsal, inter-épineux, surépineux, etc. redressent la colonne. En résumé, s'est une érection brusque générale de tout le tronc qui aide à l'action des muscles jumeaux et soléaires ; le corps est soulevé, projeté en avant, le saut a lieu.

A ce moment les deux muscles deltoïdes élèvent les bras à la hauteur de la tête. — le triceps brachial étend l'avant-bras sur le bras, le cubital postérieur, les extenseurs commun des doigts et propre du pouce et de l'index, étendent la main et les doigts sur l'avant-bras ; enfin les deux pieds touchent la terre simultanément.

Au moment ou le gymnaste tombe, tout doit fléchir dans son corps, — presqu'aucun muscle ne se contracte. Les bras qui étaient en avant sont ramenés en arrière pour rétablir l'équilibre et empêcher la propulsion de se poursuivre, alors naturellement le grand dorsal de droite et de gauche, celui que l'on appelle les scalptor ani, tire le bras en arrière, aidé par le petit muscle grand rond. La tête qui était fléchie en avant se porte en arrière entraînée par la partie supérieure des trapèzes, du Splénius, des grands et petits complexus, des angulaires de l'omoplate. — Pour presque tout le reste du système musculaire c'est le repos qui préside à la chute du sauteur.

Tout doit fléchir et fléchir sans contraction, la jambe sur le pied, la cuisse sur la jambe, le bassin sur la cuisse, le tronc sur le bassin. Et — comme en mécanique action et réaction se valent, — par réaction le corps se redresse. Ainsi fait le gymnaste qui saute avec adresse et souplesse.

Natation. — Passons maintenant sans autre préambule à la natation, qui est encore après tout pour l'homme un moyen de locomotion. Le nageur qui entre dans l'eau s'y jette, il est accroupi, les deux mains jointes en avant de la tête, il fait un saut horizontal plus ou moins vigoureux, et le voilà dans l'eau avançant en vertu de cette impulsion première, dans l'extension du tronc et des quatre membres ; à ce moment, plaçant ses mains en pronation forcée, il les ramène vivement en arrière en leur faisant décrire un arc de cercle maximum ; en même temps que se produit ce mouvement des bras, les deux membres inférieurs se fléchissent, les talons arrivent à toucher la fesse, et la face antérieure des cuisses se rapproche de l'abdomen. Alors le nageur plie ses avant-bras sur les bras, porte ses deux membres supérieurs en haut et en avant jusqu'à ce qu'il soit arrivé à la position d'entrée. En même temps les deux membres inférieurs sont brusquement portés dans l'extension maxima et dans l'abduction. — Puis les bras recommencent et ainsi de suite. Le nageur porte la tête en arrière et respire largement.

Analysons maintenant l'action musculaire mise en jeu par la natation.

Le sujet saute à l'eau ; j'ai parlé du saut, je n'y reviendrai pas ; il n'y a là à proprement parler qu'une différence dans la direction du saut, le nageur se projetant dans le sens horizontal, au lieu de se projeter en l'air et d'y décrire une courbe plus ou moins allongée. Le nageur entre dans l'eau les mains jointes au-dessus de la tête, par conséquent les mains sont en demi pronation, le carré et le rond pronateur de l'avant-bras maintiennent les mains ainsi. L'extenseur commun des doigts, le cubital postérieur tiennent les mains dans la rectitude ; les triceps brachiaux tiennent les avant-bras dans l'extension et les deltoïdes élèvent les bras. Quand les membres supérieurs exécutent leurs mouvements de rame, les mains sont en pronation forcée, les deux membres supérieurs dans l'extension forcée, alors, le grand dorsal de droite et celui de gauche aidés des deux muscles grands ronds, prenant leurs points d'appui sur le tronc, entrent en contraction et entraînent les deux bras en arrière et en bas. Continuons à étudier le mouvement des membres supérieurs ; nous voyons qu'en ce moment l'avant-bras se fléchit sur le bras, grâce à la contraction des biceps et du brachial antérieur, puis les membres supérieurs reprennent la position d'extension et d'élévation, qui a déjà été étudiée.

Passons aux membres inférieurs, dans les mouvements alternatifs qu'ils exécutent ; nous les prenons à leur entrée dans l'eau, c'est-à-dire dans l'extension forcée, au moment où les mains finissant leurs mouvements de rames touchent les hanches, les membres inférieurs font leurs mouvements de flexion, c'est-à-dire jumeaux, tirant les talons, demi-membraneux, demi-tendineux, biceps crural, droit interne, adducteurs, pectinés, psoas et iliaque, ramènent ainsi les membres inférieurs ; puis, succède l'extension brusque, qui propulse le corps en avant, fessier, triceps crural, péron-niers, tibial postérieur, fléchisseur des orteils, — concourent à ce mouvement.

Pendant tout le temps des actes natatoires les muscles des gouttières sont contractés et maintiennent la colonne vertébrale droite et rigide.

Ce que je viens de décrire, c'est la manière ordinaire de nager. Certains nageurs jettent alternativement les mains en avant, maintenant les doigts joints et demi-fléchis, — en frappant l'eau, la main produit un son assez éclatant, formé par le choc de l'eau qui fait vibrer l'air resté dans la main. — A Lyon, cette façon de nager s'appelle tirer ses agotiaux. La main est comparée à un égouttoir, l'agotiau lyonnais qui sert à vider l'eau d'un bateau. L'homme peut encore nager sur le dos en faisant comme l'on dit la planche. Le mouvement des membres inférieurs est le même, seul celui des bras diffère, le nageur ayant les bras collés au corps, les élève brusquement en les portant en arrière, où ils entrent dans l'eau pour être ramenés à leur première position. Notons donc l'action des deltoïdes des trapèzes, puis des grands dorsaux, grands ronds, des deux romboïdes, qui fixent les épaules.

De l'action de grimper. — Je vous ai montré l'homme se mouvant sur la terre, sur l'eau, il peut aussi s'élever au-dessus du sol en grimpant le long du fut d'une colonne, d'un mât, d'un arbre.

Comment agit le grimpeur ? Le plus souvent comme le nageur, il débute par un saut, il saute donc en hauteur parallèlement au mât et étreint son arbre entre ses bras et ses cuisses. La tête est légèrement inclinée sur le côté. Le gymnaste dans ce premier effort, dans ce premier saut, a saisi le mât avec ses cuisses fléchies sur le ventre aussi haut que possible, les jambes demi-fléchies, les pieds dans l'adduction et la rotation en dedans, leurs faces plantaires s'appuyant sur le mât. Les bras sont fortement croisés en

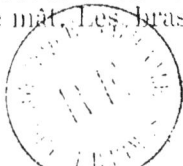

avant, les avant-bras, les mains et les doigts dans la demi flexion. Le tronc est en légère flexion sur le bassin ; dans cette position le grimpeur tend le siège en arrière.

A ce moment, quand notre gymnaste veut commencer à s'élever, il serre fortement l'arbre avec ses membres inférieurs, desserre les bras, les avant-bras, les mains sans quitter la surface sur laquelle ils glissent à mesure que le tronc se redresse ; dès que le tronc est arrivé à son maximum d'extension, les bras, avant-bras, serrent de nouveau fortement le mât ; les cuisses et les jambes se desserrent sans quitter la surface de l'arbre ; le corps est absolument suspendu par les bras, les membres inférieurs se fléchissent, les cuisses, les jambes, les pieds s'élèvent aussi haut que possible. Un mouvement énergique porte les deux cuisses en dedans, elles serrent fortement de nouveau ; le corps se trouve dans la position du début, l'ascension continue.

L'action musculaire est là aussi complexe que pour la natation ; on ne parlera pas du petit saut du début, nous connaissons ce mouvement. Le grimpeur tient son arbre par deux efforts de constriction simultanés d'abord et alternatifs ensuite, dont l'un se passe au niveau des bras et l'autre au niveau des cuisses.

Voyons l'anneau constricteur des bras ; les muscles qui agissent le plus énergiquement sont les deux pectoraux, qui maintiennent les bras violemment rapprochés du tronc de l'arbre, puis en soutien, notons : le petit pectoral et le caraco brachial. L'avant bras est maintenu par les contractions du biceps et du brachial antérieur. La main, par le grand et petit palmaire, les deux radiaux et les fléchisseurs communs, superficiels et profonds des doigts ; au niveau du bassin ce n'est pas un anneau qui fait constriction, c'est une pince ; les deux cuisses mettent en œuvre leurs trois muscles adducteurs ; à la jambe ce sont les longs fléchisseurs, communs des orteils, le long fléchisseur propre du pouce et surtout le jambier postérieur qui porte le pied dans l'adduction et la rotation en dedans.

Mais la pince desserrée, les bras seuls soutiennent le corps ; alors le tronc se redresse avec le muscle des gouttières, les fessiers, puis le grand dorsal ayant son point fixe en haut à la coulisse bicipitale du bras ; ces muscles entraînent le bassin et l'élèvent, aidés du petit dentelé postérieur, du carré des lombes, des muscles abdominaux, grand-droit, grands et petits obliques qui prennent leurs points fixes sur la cage thoracique, fixée elle-même par l'effort : plus profondément les psoas et iliaques aident à remonter le bassin.

Les fléchisseurs de la cuisse sur le bassin, la longue portion du triceps, le droit interne, l'adducteur, le pectiné élèvent la cuisse et la rapprochent de la paroi abdominale antérieure, les soléaires et jumeaux remontent les talons.— La constriction des cuisses se produit de nouveau, et voilà notre homme amené au point initial et prêt à continuer jusqu'à ce qu'il ait décroché la timbale.

Il est une autre manière de grimper que je n'ai vu pratiquer que par un seul homme, par un sauvage de l'Australie, beau nègre d'une agilité merveilleuse, admirable ; il grimpait à la manière des singes, saisissant l'arbre avec les deux mains, les bras tendus, posant ses pieds à plat sur le tronc de l'arbre, le dos arqué. Il semblait marcher et non grimper, et avec une telle vitesse que tous les spectateurs étaient saisis d'admiration. Tous ses compatriotes grimpent, dit-on, de même allure.

Messieurs, j'ai fini ce que je me proposais de vous dire dans cette première leçon ; excusez-moi si j'ai été incomplet ou peu clair, c'est la première fois que j'aborde ce sujet et je ne crois pas que jusqu'à présent on ait eu à considérer souvent la physiologie musculaire dans ce qu'elle peut avoir d'intéressant pour des gymnastes.

Dans la prochaine leçon j'aborderai les mouvements gymniques proprement dits.

C'est à la bonne grâce de M. le Directeur de l'École que je devrai de pouvoir faire cette dernière leçon dans la Salle du Gymnase ; donc à Lundi soir, au gymnase qui sera brillamment éclairé.

DEUXIÈME LEÇON

MESSIEURS,

Dans la dernière leçon, je vous ai parlé du repos musculaire, de la station verticale, de la marche, de la course, du saut, de la natation, de l'action de grimper ; aujourd'hui nous allons aborder l'étude du jeu musculaire appliquée aux mouvements gymniques proprement dits.

Pour cela, pas n'est besoin de passer en revue tous les exercices et mouvements qui sont décrits dans les traités de gymnastiques ; ce serait long et fastidieux. Je serais exposé à des redites continuelles. Je me suis proposé de prendre pour exemple un petit nombre de mouvements et d'exercice propres à nous faire bien comprendre l'action des muscles.

Je vais commencer par la flexion du corps en avant, en arrière, et latéralement : les mouvements des bras, celui des jambes, la circumduction du bras, du membre inférieur ; quand je vous aurai montré la façon d'envoyer votre poing à l'adversaire, ou votre pied sur sa poitrine, je passerai à l'étude du mouvement de l'escrime. Enfin je terminerai cette causerie par les mouvements aux appareils et spécialement au trapèze, à l'échelle, aux barres parallèles, aux boucles, etc.

1º **Flexion du corps en avant, les mains portées vers le sol.** — Le gymnaste fléchit lentement le corps en avant, sans ployer les genoux ; il arrive ainsi à toucher le sol du bout des doigts, la paume de la main étant tournée vers le corps, puis il se redresse dans la position verticale, les pieds joints, les bras pendants le long du corps.

Quel est là le jeu musculaire ? les muscles fléchisseurs du cou agissent mais sans amener la flexion complète de la tête, le cou restant à l'horizontale : — les muscles de la paroi antérieure de l'abdomen, droit, petit et grand oblique, carré de lombes, agissant synergiquement et prenant leurs points d'appui sur le bassin, entraînent le tronc en avant et en bas. Les muscles de la couche profonde psoas et iliaque fléchissent la colonne vertébrale. Les muscles des gouttières vertébrales, les fessiers, le grand dorsal sont dans le relâchement.

Les bras pendant en avant sont en extension et par leur poids aident au mouvement ; la tête soutenue à l'horizontale par une faible contraction des muscles de la nuque, trapèze, grand et petit complexes, splénius etc., aide par son poids porté en avant à l'action des bras. Les membres inférieurs sont dans l'extension. Soudain le sujet se redresse et revient à la verticale. — Alors agissent énergiquement les fessiers, les longs dorsaux, transversaire épineux, grand dorsal, trapèze, splénius, complexus, angulaire de l'omoplate romboïde, petits dentelés supérieurs et inférieurs, le corps oscille autour des deux têtes du fémur et fait décrire à la tête un grand arc de cercle.

2° **Extension du corps en arrière, les bras portés en arrière et éloignés du corps.** — Le gymnaste courbe lentement le corps en arrière, la tête suivant le mouvement; les épaules sont effacées les mains fermées, les coudes en arrières, les cuisses légèrement fléchies sous les jambes. Puis le sujet se redresse et revient à la verticale.

Les fonctions musculaires sont exactement l'inverse de ce qu'elles étaient dans l'exercice précédent. Tous les muscles antérieurs du tronc, stermo-cleido-mostoïdiens, stermo-hoyïdien, geni-hyoïdien, peaucieds droit antérieur, grand et petit oblique de l'abdomen, psoas et iliaque sont dans le repos; au contraire, les muscles de la nuque prenant leur point d'appui en bas entraînent la tête en arrière, le trapèze prenant son point d'appui sur les omoplates fixés par les deux romboïdes, le grand dorsal prenant son point d'appui sur le bassin, les muscles des gouttières vertébrales prenant leur point d'appui dans la masse commune sacro-lombaire entraînent le tronc en arrière, les fessiers prenant leur point d'appui sur le col du fémur, le grand trochanter, entraînent le bassin.

Au moment du redressement, voilà les muscles antérieurs, que je vous ai nommés, qui entrent en contraction et qui ramènent le corps dans la verticale alors que les muscles postérieurs se relâchent.

3° **Flexion latérale du corps à droite et à gauche les mains sur les hanches, les coudes écartés du corps** — On voit le corps se pencher lentement, le plus possible à droite sans avancer l'épaule gauche, puis il se redresse revient à la verticale et le mouvement analogue se produit à gauche et on revient à la rectitude.

Là ce sont les muscles fléchisseurs du tronc, grand et petit oblique de l'abdomen, carré des lombes, grand dorsal, petit dentelé inférieur, muscles des gouttières, long dorsal, transversaire épineux, muscle du cou, trapèze, splénius, grand et petit remplexus angulaire de l'omoplate, qui agissent du côté droit, tandis que les muscles symétriques du côté gauche restent dans le relâchement. Tous ces muscles prennent naturellement leurs points d'appui en bas. Lorsque le corps veut se redresser les muscles que je viens de nommer et qui sont situés à gauche entrent en jeu pour redresser le tronc et le placer dans la verticale d'abord et l'entraîner ensuite à gauche pendant que les muscles de droite entrent en relâchement jusqu'à ce que le second mouvement de redressement se produise.

Rotation du corps à droite et à gauche. — Le gymnaste place ses bras en croix, fortement tendus, la paume de la main en avant.

Vous connaissez les muscles qui agissent dans ce cas, je ne les rappelerai pas.

L'Elève alors, exécute une torsion du tronc sur le bassin qu'il s'efforce de maintenir immobile; la main gauche et le bras bien tendus et bien ouverts viendront se placer en avant, la main et le bras droit se trouvant en arrière. Il revient à la position, et exécute le mouvement opposé.

J'ai supposé la torsion se faisant de gauche à droite; alors le trapèze partie supérieur, le splénius, l'angulaire de l'omoplate, les muscles des gouttières vertébrales, les muscles de l'abdomen situés du côté droit, se contractent et entraînent la face à droite ainsi que le tronc ; le bras droit étant tiré en arrière par le sus-épineux, le sous-scapulaire, les fibres postérieures du deltoïde, aidés à ce moment par les muscles grand rond et grand dorsal. — Le bassin étant fixé, la rotation du tronc est amenée par les digitations externes du long dorsal, les fibres les plus obliques du grand et petit oblique de l'abdomen et par la transverse de l'abdomen.

Circumduction du bras. — Je choisis le bras droit : le gymnaste lance avec force le bras droit en avant, le poing fermé et lui, fait parcourir un cercle de bas en haut, le poing rasant la cuisse.

Le bras étendu part de l'horizontal, il est abaissé à la verticale et entraîné en arrière par le grand dorsal, relevé par le deltoïde et sus-épineux et revient à la position, et ainsi de suite.

POSITION DE L'ESCRIME

Position des jambes et du corps. — Le corps est de profil complet, les deux pieds joints, la jambe gauche en arrière, le pied et le membre dans l'adduction de façon à former un angle droit avec la jambe et le pied droit.

Voyons d'abord le membre qui est dans la demi rotation en dehors. Ce sont les deux obturateurs externes et internes, le carré crural, les jumeaux pelviens, le grand fessier et le tenseur du fascialata qui nous donnent cet effet.

Le membre inférieur est dans un état d'extension modérée, ainsi maintenu par les fessiers pour le bassin, le triceps crural et le tendon rotulien pour le genou, et le jambier antérieur pour l'articulation tibio-tarsienne; le membre droit a son pied perpendiculaire au pied gauche, il est dans la position de la station verticale, ordinaire je n'ai rien a en dire.

Position des membres supérieurs. — Le membre droit qui tient l'épée, est en position de demi flexion sur le bras, l'épaule effacée, l'avant-bras en pronation forcée, les quatre derniers doigts fléchis sur la poignée de l'arme, le pouce étendu sur cette même poignée.

Le membre supérieur gauche est porté en arrière et en haut, l'axant-bras demi-fléchi sur le bras, la main ouverte en demi-flexion sur l'avant-bras.

Analysons le jeu des muscles qui placent ainsi les bras, à droite, — le scapulum est rapproché du tronc par le grand dentelé : le sous-épineux fait tourner l'épaule en dehors, le caraco-brachial, le grand et petit pectoral maintiennent le coude au corps. — Le carré et rond pronateur portent l'avant-bras en pronation forcé, tandis que le biceps, le porte dans la demi-flexion; le fléchisseur commun superficiel fait que les doigts entourent la poignée de l'épée, le pouce est dans l'extension *modérée et son court fléchisseur* l'applique sur la poignée.

Voyons le membre supérieur gauche ; il est élevé et entraîné en arrière par le deltoïde, le sus-scapulaire, et maintenu dans la demi-flexion par le biceps : l'avant-bras met en action son grand et petit palmaire qui donnent à la main sa demi-flexion : les doigts retombent par leur propre poids, l'extenseur commun étant dans le relâchement. A ce moment le tireur se fend.

Le membre inférieur gauche reste en place, le membre inférieur droit soulevé du talon à la pointe quitte le sol, la jambe demi-fléchie par une brusque contraction du triceps crural est portée en avant comme dans un pas allongé.

Le membre gauche suit, le pied gauche restant toujours dans la même position, et le membre oscille autour de la hanche gauche, jusqu'à ce qu'il arrive à l'extension *forcée* ; à ce moment la jambe droite est en demi-flexion sur la cuisse droite.

Dans cette position le tireur peut sans bouger les pieds déplacer son tronc d'avant en arrière et d'arrière en avant en exécutant des mouvements oscillatoires dans les deux articulations de la hanche et du cou de pied ; alors on voit le tireur se fléchir alternativement sur la jambe droite ou la jambe gauche selon qu'il veut s'éloigner ou se rapprocher de l'adversaire, — ces mouvements nous sont connus, je ne les énumérerai pas de nouveau.

Enfin le tireur peut revenir à la position de début, par l'action des fessiers côté gauche, du triceps crural gauche qui redressent le tronc et la cuisse gauche, et le membre droit suit presque sans effort par une simple oscillation qui le ramène en arrière contre le membre gauche.

Revenons au bras droit et aux mouvements de l'épée ; l'épée avancera sa pointe selon que le tireur aura son membre inférieur gauche et son bras droit dans l'extension maxima, c'est ce qu'on appelle se fendre à fond. Entre cette position et la position de début, il y a un grand nombre de positions intermédiaires selon que le tireur se fend plus ou moins, étend plus ou moins le bras. J'ai décrit ces mouvements, passons. — Mais le point sur lequel je tiens à insister, c'est sur le rôle du poignet, ce rôle est prépondérant dans l'escrime, on peut dire qu'il est tout, le reste n'est qu'accessoire. Tous les mouvements de l'épée se résument en un mouvement de pronation, un mouvement de supination, des mouvements de flexion de la main, d'extension de la main et la succession de tous ces mouvements, la circumduction.

La pronation, vous la connaissez, le carré pronateur et le rond pronateur nous la donnent, la supination nous est donnée par le long et court supinateur ; la flexion par le grand et petit palmaire aidés des fléchisseurs, l'extension nous est donnée par les deux radiaux externes aidés de l'extenseur commun et des extenseurs propres de l'index et du petit doigt.

Position assise. — Quand un homme est assis sur un siège à dossier vertical, les pieds appuyés sur le sol, les mains posés sur les cuisses, il se repose; c'est la position à laquelle j'invite notre gymnaste. Il se reposera, aussi bien, l'escrime est un exercice fatigant.

J'ai dit que dans cette posture il se reposait, non pas comme s'il était couché, mais cependant il se repose assez bien pour pouvoir dormir, au besoin, dans cette position.

En effet, les pieds reposent sur le sol sans supporter le poids du corps, tous les muscles jusqu'au genou sont dans le relâchement. Les cuisses reposent sur le siège, repos complet. Le bassin repose sur ces deux tubérosités ischiatiques, repos encore. Seule la colonne vertébrale est en contraction modérée ainsi que les muscles de la nuque, pour maintenir la rectitude du tronc et de la tête. Les deux bras pendent le long du corps dans un léger mouvement d'adduction et les mains reposent sur les cuisses.

Mais c'est assez nous reposer; levez-vous jeune homme! suivez bien, Messieurs ses mouvements. Il penche la tête en avant, le tronc suit le mouvement, les muscles fessiers se contractent et redressent le bassin en même temps que le triceps crural redresse la cuisse sur la jambe et voilà notre homme debout dans la station verticale; une échelle de corde est devant lui nous allons le prier d'y grimper.

Suivez bien toujours ses mouvements; il porte la tête en arrière pour bien voir son échelle; avec les mains, il saisit les montants, puis partant du pied gauche, il le pose sur le premier échelon en même temps que le bras droit saisit le montant droit de l'échelle en un point plus élevé; ensuite le pied droit s'élève à son tour, se pose sur l'échelon supérieur pendant que le bras gauche s'élève sur le montant gauche, et ainsi de suite; vous connaissez tous les muscles qui ont agi, je ne les répéterai pas, — mais je veux insister sur certains points. Le gymnaste, là, marche à quatre pattes sur un plan vertical, il a un effort considérable à faire pour soulever chaque fois tout le poids de son corps, soit 70 à 80 kilog.

Les cuisses, les jambes sont alternativement dans la flexion et dans l'extension, mais aussi dans l'abduction et la rotation en dehors. Les bras ont peu d'efforts à faire ayant seulement pour but d'empêcher la chute du corps en arrière. La descente est moins pénible, mais les mains et les bras ont plus à travailler, car ils soutiennent le corps dans son mouvement de descente et permettent ainsi au gymnaste de descendre plus souplement.

EXERCICE DU TRAPÈZE

Je place mon gymnaste debout, les pieds joints ; en face et un peu au-dessus de lui se trouve la barre d'un trapèze.

Notre homme fléchit les avant-bras, la main est demi fermée, il élève les deux bras, se plie légèrement sur ses jarrets, fait un saut en hauteur et saisit la barre du trapèze à deux mains écartées de toute la largeur du corps. Puis, il laisse étendre complètement ses deux bras, les jambes pendantes, le voilà prêt à exécuter.

Les mains ont saisi la barre par la flexion des quatre derniers doigts, le pouce opposant est posé en extension sur la barre.

A ce moment le gymnaste fléchit les avant-bras sur les bras, les bras s'élèvent jusqu'à ce que le menton arrive à la hauteur de la barre, tout le corps est élevé d'une quantité correspondante au-dessus du sol. Le jeune homme fléchit les jambes et les cuisses, puis brusquement donnant un fort coup de reins, il allonge ses deux membres inférieurs dans la direction de l'horizontale, en même temps il étend les membres supérieurs, portant la tête et la partie supérieure du thorax en arrière ; ces parties font ainsi contrepoids au bassin, aux cuisses et aux jambes qui sont en avant de la barre.

Dans cette position le corps est à peu près en équilibre suspendu par les mains dans la position horizontale ; il suffit d'un léger mouvement de flexion des cuisses pour que presque sans effort les pieds décrivent un quart de cercle et de l'horizontale arrivent à la verticale ; la plante des pieds regardant le ciel et placée juste entre les deux cordes du trapèze. Pendant ce temps, la tête décrit un autre quart de cercle en sens inverse, jusqu'à ce qu'elle arrive à la verticale, le vertex regardant directement le sol.

Les poignets suivent le mouvement, en tournant autour de la barre. Dans cette position, le corps presqu'en équilibre oscille autour des poignets dans la position verticale, la tête en bas. Il suffit d'un léger mouvement de flexion des cuisses pour entraîner les jambes en arrière, la tête en avant ; les deux extrémités du corps décrivent en sens inverse chacune un quart de cercle jusqu'à ce que le corps soit arrivé à la verticale la tête en haut, les pieds en bas, le ventre appuyé sur la barre entre les deux poignets ; voilà le tour du trapèze exécuté presque sans effort, comme par un simple jeu d'équilibre. En effet, les efforts un peu considérables dans l'exercice du trapèze peuvent être réduits au nombre de deux : l'effort d'élévation des bras et des avant-bras combiné avec la contraction des fléchisseurs profonds et superficiels des doigts qui maintiennent les mains fermées et serrent la barre. L'élévation de l'avant-bras est affaire du biceps et brachial antérieur, l'élévation des bras revient au deltoïde et au caraco-brachial.

Le second effort est celui qui suit la première flexion des cuisses, et c'est le coup de reins qui porte brusquement les deux membres inférieurs dans la position horizontale. Là entrent en jeu : le grand dorsal (le point fixe étant à la coulisse du biceps) les muscles longs dorsaux et généralement toute la masse sacro-lombaire, les muscles fessiers, qui dressent le bassin, les deux triceps cruraux qui étendent les jambes sur les cuisses, les jambiers antérieurs et extenseurs communs et extenseur propre qui redressent les pieds, rapprochant la face dorsale du pied de la face antérieure de la jambe, jusqu'à l'angle droit. Le reste, je l'ai dit et je le répète, n'est qu'affaire d'équilibre et d'oscillation. C'est si vrai que je n'ai qu'un signe à faire et notre gymnaste assurant ses poignets va se précipiter la tête en bas et vous le verrez tourner avec une rapidité très grande autour de la barre du trapèze et le tout sans grand effort.

Je reprends le gymnaste dans la verticale, le ventre appuyé sur la barre entre ses deux mains, la tête en haut, les pieds en bas. Il est absolument le maître de la situation, il peut exécuter maints tours. Il s'assoira en avant, en arrière, se laissera pendre par les jarrets, etc., et si la barre est fixe au lieu d'être flottante, il ferait le grand soleil, et cela avec beaucoup plus d'adresse que de force.

Le gymnaste pendu les bras étendus à la barre du trapèze, fléchit les jambes, plie les cuisses sur le ventre, jette de plus en plus la tête et le haut du thorax en arrière, croise ses deux jambes, et arrive à faire passer ses deux pieds entre ses mains au-dessous de la barre, l'oscillation se produit, les pieds décrivent un arc de cercle dans un sens, la tête dans l'autre. L'élève est alors pendu les bras dans l'extension forcée en arrière, la face antérieure du corps regardant en bas, les jambes pendantes, le corps plié en arc. Si les pieds touchent terre, un léger effort d'extension des jambes, un petit saut et il revient à la position première après avoir repassé par les mêmes phases : il avait fait un demi tour, il le défait. Si les pieds ne touchent pas le sol, il en est quitte pour faire effort avec les bras, donner un coup de reins et il revient à la position.

Mais au lieu de passer ses pieds en arrière, il peut vouloir les dresser verticalement, allonger les membres inférieurs qui défilent doucement sous la barre, jusqu'à ce que les deux creux poplités aient dépassé la barre, alors il plie les jambes sur la barre et s'aidant des avant-bras fléchis et des bras, il s'élève doucement, faisant glisser la face postérieure de ses cuisses jusqu'à ce qu'il arrive à la position assise, le siège entre les deux poignets.

Mais ce n'est pas la seule manière de s'asseoir en faisant le tour du trapèze ; placé sur le ventre, la tête en haut, les pieds en bas, le ventre sur la barre, le gymnaste veut s'asseoir? Cet exercice ne peut se faire que sur la barre fixe ; pour cela il prend son point d'appui sur le bras droit, efface l'épaule droite, présente le flanc droit face à la barre, élève la cuisse droite jusqu'au parallélisme de la barre et un léger effort le met assis sur la barre par sa fesse droite et sa cuisse droite ; ce n'est plus qu'un jeu de passer la jambe par dessus la barre ; pour faciliter le mouvement, il lâche un instant la barre de la main droite et reprend de suite avec la même main, regardant dans le sens opposé. Le membre gauche sans effort vient rejoindre le membre droit et voilà notre homme assis commodément, une fois qu'il aura changé la position de la main gauche comme il a fait de la droite.

Le gymnaste peut ainsi continuer à l'infini ses mouvements et les varier; qu'il saisisse les deux cordes, le voilà qui s'élève à la force des bras ; les pieds sont aussitôt sur la barre et il est debout se balançant. S'il lui plait, il peut répéter les mouvements de bascule que vous lui avez vu faire sous la barre, etc.

Ce qu'il faut retenir des exercices du trapèze, c'est l'effort des bras, le coup de reins et le jeu de bascule et de compensation qui se retrouve dans tant de mouvements. Ces oscillations du corps presque suspendu en équilibre par les deux bras facilitent tous les mouvements du gymnaste, excitent son adresse et lui permettent d'agir avec souplesse, avec grâce. sans trop d'efforts.

AUX BARRES PARALLÈLES

Dans cet exercice le gymnaste soutient son corps sur sur ses deux mains, les bras dans l'extension, les deux scapulum rapprochés de la colonne vertébrale par la contraction synergique des deux trapèzes et deux romboïdes.

Aux membres supérieurs, contraction du triceps brachial, du long et court supérateur de l'avant-bras.

Vous vous rappelez le mouvement de circumduction du membre supérieur, mouvement si parfait que le bras décrit un cercle presque complet. Vous comprendrez donc facilement comment le corps soutenu sur les deux mains, les membres supérieurs tendus, peut osciller autour des deux articulations des épaules.

Car là encore, nous avons affaire à des mouvements d'oscillation et d'équilibre par compensation qui facilitent les exercices.

Le gymnaste peut laisser abaisser son corps entre les deux barres parallèles par la flexion des bras sur l'avant-bras; en fléchissant les jambes sur les cuisses, il peut arriver à son maximum de descente. Il se relève par la force des extenseurs triceps deltoïde. Il peut avancer ou reculer sur la barre par petites saccades, aidées de mouvements oscillatoires. Puis, toujours en oscillant, il jette alternativement les deux jambes sur la barre de droite, ou celle de gauche, et franchit sa petite enceinte en abandonnant la barre. Voyez maintenant le gymnaste allonger les jambes et les cuisses jusqu'à l'horizontale, le tronc et la tête prenant la même direction en avant des mains ; là encore le gymnaste est en équilibre sur les deux poignets, les membres inférieurs et le tronc dans l'extension maximum. Dans cette position, par la flexion des bras sur les avant-bras immobiles, il abaisse son corps jusqu'au niveau des poignets et des barres, il se relève par la force de ses triceps brachiaux, deltoïdes et caracobrachial. Le gymnaste sur ses barres parallèles peut prendre avec un peu d'élan la position verticale, les pieds en l'air, le vertex dirigé en bas. Cette position est pénible, pénible surtout quand il veut s'abaisser et se relever avec le mouvement des bras.

Dans les exercices des barres parallèles, comme je vous l'ai dit, les muscles qui agissent sont les muscles des bras, avant-bras, épaules, extenseurs du tronc et des jambes.

EXERCICES AUX BOUCLES

Ces exercices aux boucles ressemblent à ceux du trapèze en plus d'un point. Là encore, il faut compter avec les équilibres de compensation, soit pour la position horizontale, soit pour la position verticale, la tête en bas, soit pour le tour en avant ou en arrière. Mais il est un exercice que je veux décrire plus en détail, parce qu'il est absolument propre et particulier aux boucles; c'est, étant suspendu aux boucles, le corps élevé de terre par la flexion des avant-bras, d'allonger alternativement les bras à l'horizontale; pour cela, le gymnaste serre fortement le bras gauche plié contre sa poitrine, tout le poids du corps porte sur le poignet gauche, et lentement, il allonge le bras droit jusqu'à l'extension maxima, puis il raccourcit le bras, toujours lentement, serrant le coude au corps et le poids du corps portant sur les deux poignets.

Tous les fléchisseurs de l'avant-bras et du bras gauche ainsi que le caraco-brachial et grand pectoral gauche, agissent, tandis qu'à droite nous avons en jeu les extenseurs du bras, de l'avant-bras et de la main, et réciproquement quand c'est le bras gauche qui s'allonge.

Me voilà bientôt arrivé à la fin de ma leçon. Je vous avait promis de vous faire le Coup de Poing et le Coup de Pied. — Commençons par le Coup de Poing, — l'autre sera, si vous voulez le Coup de pied de la fin.

COUP DE POING

Notez que je ne veux pas faire un cours de boxe. Le gymnaste dans la position du soldat sans arme fait un demi-tour sur la jambe gauche pour placer le membre inférieur dans l'abduction, puis il porte le membre inférieur droit en avant comme un tireur à l'escrime qui se fendrait non pas à fond, mais à demi; au même moment, le bras droit qui était pendant le long du corps, poing fermé, se fléchit et s'étend brusquement à la hauteur de l'horizontale; on le ramène vivement à la position, la jambe gauche rejoint la droite, le gymnaste fait un à droite pour placer le membre inférieur dans l'abduction, se fend de la jambe gauche, etc.

Tous les muscles en jeu nous sont connus je vous les ai énumérés. — Voyons les pieds.

COUP DE PIED

Deux cas principaux : — 1o Coup de pied en avant, tel qu'on l'envoie dans le postérieur d'un adversaire que l'on dédaigne et qui fuit. Pour cela, si c'est le pied droit qui attaque, le gymnaste pose sa main gauche sur la hanche gauche, se cambre sur le membre inférieur, comme dans la position hanchée, porte le tronc et la tête en arrière, fléchit la jambe droite et l'étend brusquement sur la cuisse demi fléchie et revient à la position ; 2° en faisant brusquement demi-tour à droite, reprenant sa position hanchée de gauche, le gymnaste lance tout le membre inférieur droit en arrière et un peu obliquement.

Dans le coup de pied en avant nous avons la position hanchée avec extension du tronc en arrière. La flexion de la jambe droite est obtenue par contraction des jumeaux ; la flexion du pied sur la jambe par l'action du long fléchisseur commun des orteils, des long et court peronniers latéraux ; le pied frappe de pointe porté en avant par une brusque contraction du triceps crural qui étend la jambe sur la cuisse.

Dans le coup de pied en vache, le gymnaste qui a fait demi-tour a pris la position hanchée gauche, le bras gauche étendu, il fléchit le corps en avant et à gauche, pour faire de l'équilibre par compensation, puis alors la jambe droite se fléchit, la cuisse droite se fléchit et brusquement il l'étend sous l'action du triceps crural, des fessiers et des muscles rotateurs en dehors de la cuisse, qui portent également ment le membre dans l'abduction. Le pied frappe l'adversaire par la plante et le bord externe du pied. Le corps du lutteur se penche plus ou moins en avant selon qu'il a le dessein de frapper plus ou moins haut.

———————

Messieurs, j'ai fini ce que je me proposais de vous dire dans ces deux leçons et dans le cours que j'ai entrepris cette année. Je remercie les auditeurs qui ont bien voulu me suivre assidûment ; ils m'ont donné, par leur présence, le courage de travailler et de poursuivre ma tâche. J'ai l'espoir que plus tard, quand ils auront à enseigner la gymnastique, ces notions sommaires d'anatomie et de physiologie pourront leur donner une idée plus juste, plus raisonnée, plus scientifique des choses qu'ils auront à enseigner.

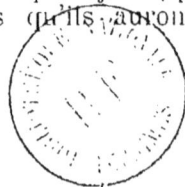

LYON. — IMP. E. PEMOLY, 9, GRANDE-RUE CROIX-ROUSSE

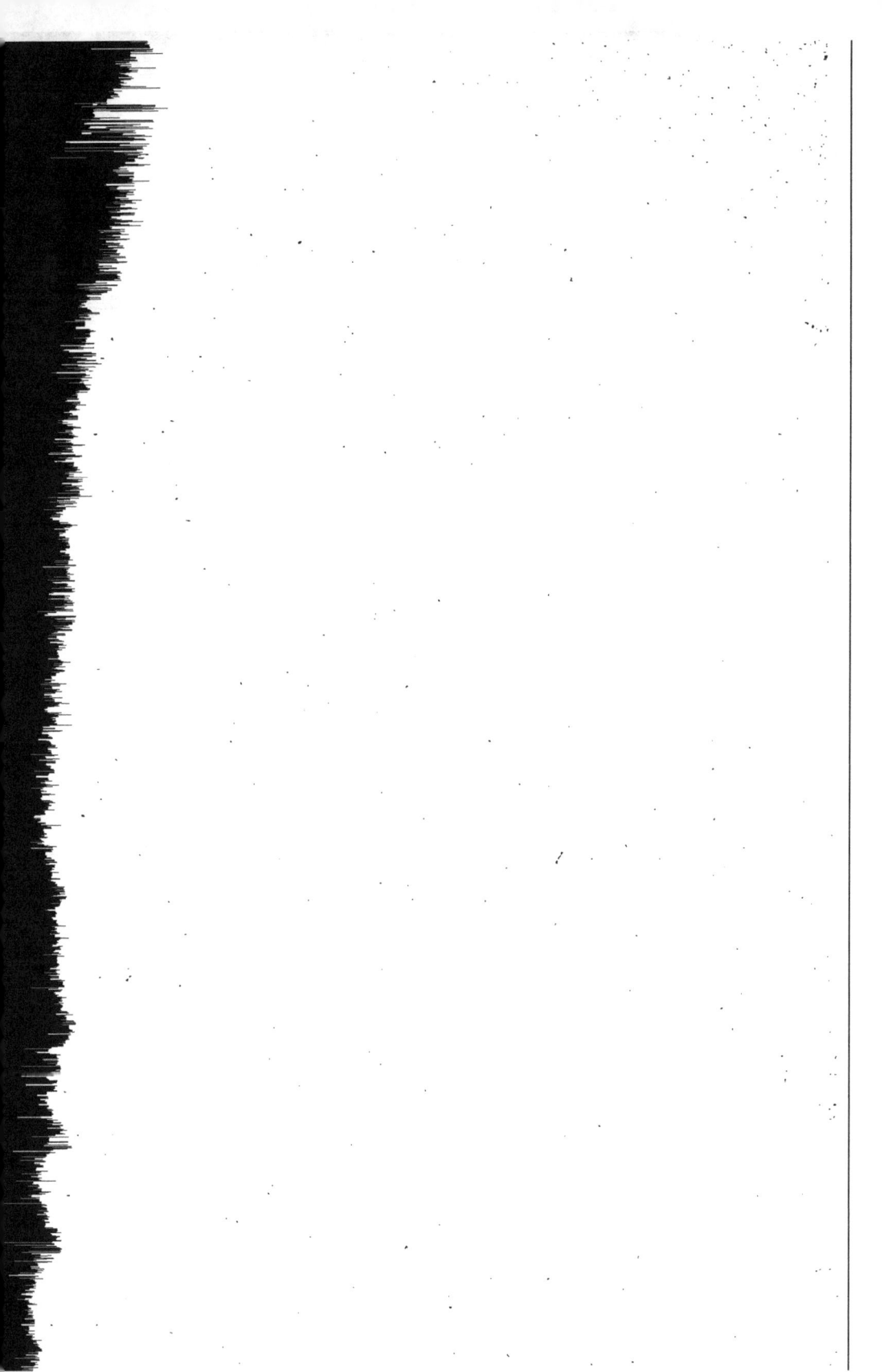

TYPOGRAPHIE, LITHOGRAPHIE

E. DEMOLY

9, Grande Rue Croix-Rousse, 9

LYON